U0945385
中国 CHINA'S MEGA PROJECTS
超级工程丛书
城市之巅：智能楼宇中国尊
总顾问 聂震宁 陈 云
总主编 杜彦良
主 编 陈 馈 王江卡 周 蓓
河南科学技术出版社
·郑州·

图书在版编目（CIP）数据

城市之巅：智能楼宇中国尊 / 陈馈，王江卡，周蓓主编. -- 郑州：河南科学技术出版社，2025. 1.
（中国超级工程丛书）. -- ISBN 978-7-5725-1707-5

Ⅰ. TU18-49

中国国家版本馆 CIP 数据核字第 2024HK5587 号

城市之巅：智能楼宇中国尊

出版发行：河南科学技术出版社
地址：郑州市郑东新区祥盛街 27 号　　邮编：450016
电话：（0371）65788613　65788642
网址：www.hnstp.cn

出 版 人：乔　辉
策划编辑：牟　斌　刘燕芳　王志强
责任编辑：杨　莉　牟　斌　王志强
责任校对：耿宝文　徐小刚
整体设计：小红帆　祺虎平面
插图绘制：狼仔图文
责任印制：徐海东
印　　刷：涿州市京南印刷厂
开　　本：787 mm × 1092 mm　1/16　印张：4　字数：100 千字
版　　次：2025 年 1 月第 1 版　2025 年 1 月第 1 次印刷
定　　价：49.80 元

“中国超级工程丛书”编委会

谨以此书献给可爱
可敬的工程建设者们

PREFACE / 前言

科技如春风拂面，赋予世界勃勃生机，改变着世界。

如今中国已是科技大国，在基建、航天等领域，我们展翅高飞，创造了令世界瞩目的奇迹。

孩子们是祖国的花朵，是未来的希望，他们见证着祖国的科技辉煌和繁荣昌盛。编著这套图书的初衷，便是让每一个孩子都能领略到工程科技的魅力，感受到工程师的智慧。孩子是天生的小探险家，对世界充满了好奇与渴望。那些卓越的大国工程，对孩子们来说或许有些“高深莫测”，但请相信，我们将用生动、有趣的笔触，将它们呈现给孩子。在这套书中，我们将一起目睹中国高铁的疾驰如飞、大桥的横跨天堑、航天科技的梦幻传奇等。这些工程背后的国之匠心，是工程师们一次次的坚守担当，是他们托举起了强国建设、民族复兴的伟大梦想。

让我们共同翻开这套书，踏上一段奇妙的超级工程之旅。愿孩子们在阅读中收获知识，启迪心灵，培养科技素养，从小增强自信，成为新时代的杰出人才！愿孩子们在未来的日子里，绽放出属于自己的光芒，书写属于自己的传奇！

编者

2024年7月

摩天大楼的缔造者

中国尊的结构设计可以说是一波三折，设计人员不断完善设计方案，才达到了各方要求。他们让大楼保持结构稳固的同时，还不能破坏中国尊独特的造型美感，为此，设计人员考察了上百根巨型柱的结构设计，才找到合适的方案。

打地基和大楼的结构设计一样，至关重要。建设者们在打地基的时候，充分发挥了自己的创新精神。基坑的深度足足有 40 米深，工程师从儿童滑梯得到了灵感，创造性地使用了“串管+溜槽”的方式连续浇筑基坑的混凝土。建设者们身上这种不断创新、开拓进取的精神，让中国尊的建设变得又快又好！

我们知道汽车有驾驶员，但重达约 3600 吨的钢平台同样需要“驾驶员”。操作钢平台比开车难多了！因为操作几千吨重的钢平台，误差要在 3 毫米以内。而且，在几百米的高空中还要忍受孤独寂寞，克服对高空的恐惧。在建造中国尊长达两年的时间里，84 次钢平台的顶升，做到了“零失误”。钢平台“驾驶员”在一个普通的岗位上做出了自己特殊的贡献，平凡而伟大！

中国尊这个项目是 24 小时连续建设的，但中国尊施工的场地位于城市核心区域，不论是“早高峰”还是“晚高峰”，都会出现严重的拥堵，可以用于施工的场地十分有限。

因此，在浇筑大底板时，为了保证施工能顺利进行，建设者们为每一家混凝土供应商都制定了一条运输线路和一条备用的线路。正是凭借着这样迎难而上的精神，中国尊大底板才能克服一个又一个棘手的难题，顺利建成。

目录

高层建筑是大都市的象征，它体现了一个国家建筑技术的水平。直插云霄的中国尊极具东方神韵，天晴时，在很远的地方就能看到它。

尊同“樽”，古代指酒杯。在祭祀活动中，古人用尊来盛酒，配以礼节，表达敬重之意。尊是一种贵重的礼器，较著名的有“何尊”和“四羊方尊”等，中国尊的设计灵感就来源于此。

何尊

西周时期的青铜器，尊内底部铸有122字的铭文，其中“宅兹中国”是“中国”一词最早的文字记载。

摩天大楼林立

北京中央商务区的核心区域，屹立着许多有代表性的建筑，如中国尊、中央电视台总部大楼、中国国际贸易中心等。

中国风的设计元素

中国尊的外形取自古代礼器——尊，此外，大楼的设计还蕴含着其他中国元素，如竹器、孔明灯等。

中国尊的设计方案和文化底蕴深厚的北京相得益彰，得到一众专家的青睐。

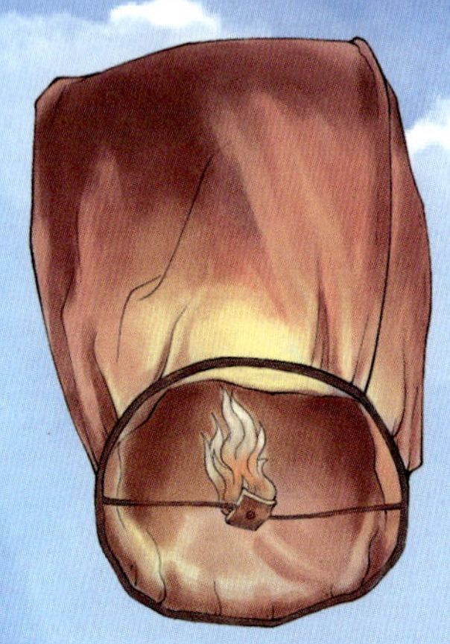

孔明灯

大楼楼顶的设计灵感来自孔明灯，在夜晚灯火通明时，楼顶看起来呈冉冉升起之态。

在古代，孔明灯用来传递军事信号，现在多在春节、元宵节和中秋节等传统节日施放，用来祈福。

竹器

大楼自下而上的机理，灵感来自中国传统的器皿——竹器。

竹器编织手法多样，花纹肌理感强，富有美感。中国人爱竹，自古就有“不可居无竹”之语。

打造一个牢不可破的地基，才能让一栋大楼安全地拔地而起。

你知道打造地基需要哪些步骤吗？工人叔叔要先把土地上原有的一些建筑拆除，然后挖坑，打桩，浇筑大底板。

1. 拆除原有建筑

这里曾有纺织厂、汽车厂、冰箱厂和仪器厂，后来陆续被拆除了，以便为建设中国尊挖基坑做准备。

2. 挖 40 米深坑

基坑东西长 136 米，南北宽 84 米，深度约为 40 米，这么大的基坑世界罕见。

你知道吗？

郎家园

中国尊所在的地方叫“郎家园”。它是清初户部尚书郎球的家族所在地，因其族人种植了很多枣树形成果园而得此名。现在的“郎家园”已成为北京CBD核心区。

3. 打桩

40米深的基坑还不够，为确保地基更加坚固，又在基坑底部插入高40米左右的钢筋。

4. 浇筑大底板

在基坑底部插入所有的钢筋以后，还要在上面浇筑大底板，这样地基就算建好了。

豆腐也能承受重物

可能你会疑惑，为什么挖了大坑还要插入钢筋基桩？这是因为我们脚下的土地是软的，用钢筋混凝土做成的建筑很重，地基太软会导致地面下沉，造成大楼歪斜甚至倒塌。

接下来和工程师一起做一个实验，让柔软的豆腐也能承受重物。

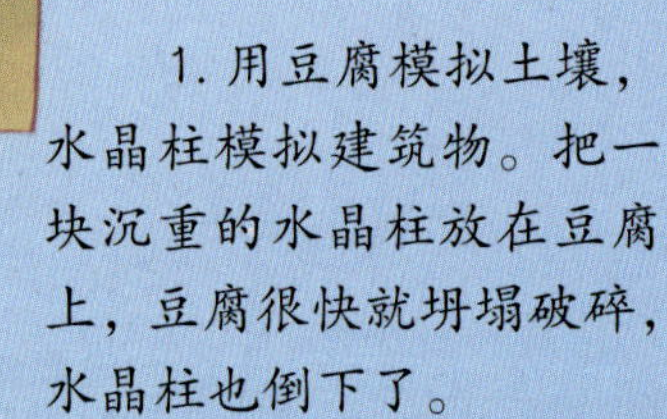

1. 用豆腐模拟土壤，水晶柱模拟建筑物。把一块沉重的水晶柱放在豆腐上，豆腐很快就坍塌破碎，水晶柱也倒下了。

你知道吗？

牢固的地基有多重要呢？

如果地基建得不牢固，不论是几百米的高楼还是低层建筑，都有可能倒塌。

2. 怎么解决这个问题呢？我们在豆腐中插入铁钉试试。

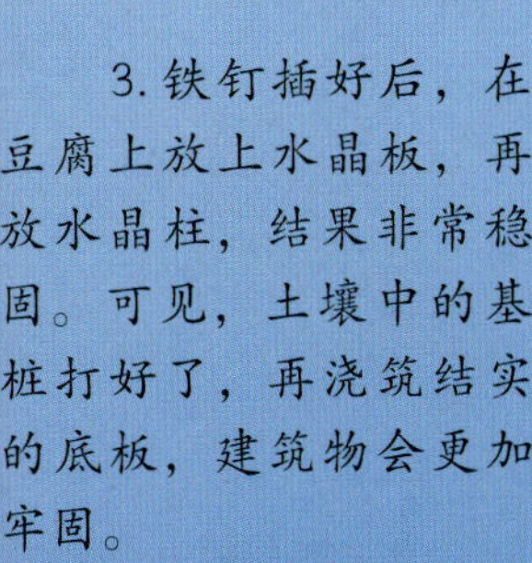

3. 铁钉插好后，在豆腐上放上水晶板，再放水晶柱，结果非常稳固。可见，土壤中的基桩打好了，再浇筑结实的底板，建筑物会更加牢固。

深入岩石层的基桩

在基坑里钻孔，插入钢柱就是我们所说的打基桩。大树有深入地下的根基，大楼也要有很牢固的地基才能屹立不倒，穿过柔软的土壤，深入坚硬的岩石层中的基桩就是大楼的根基。

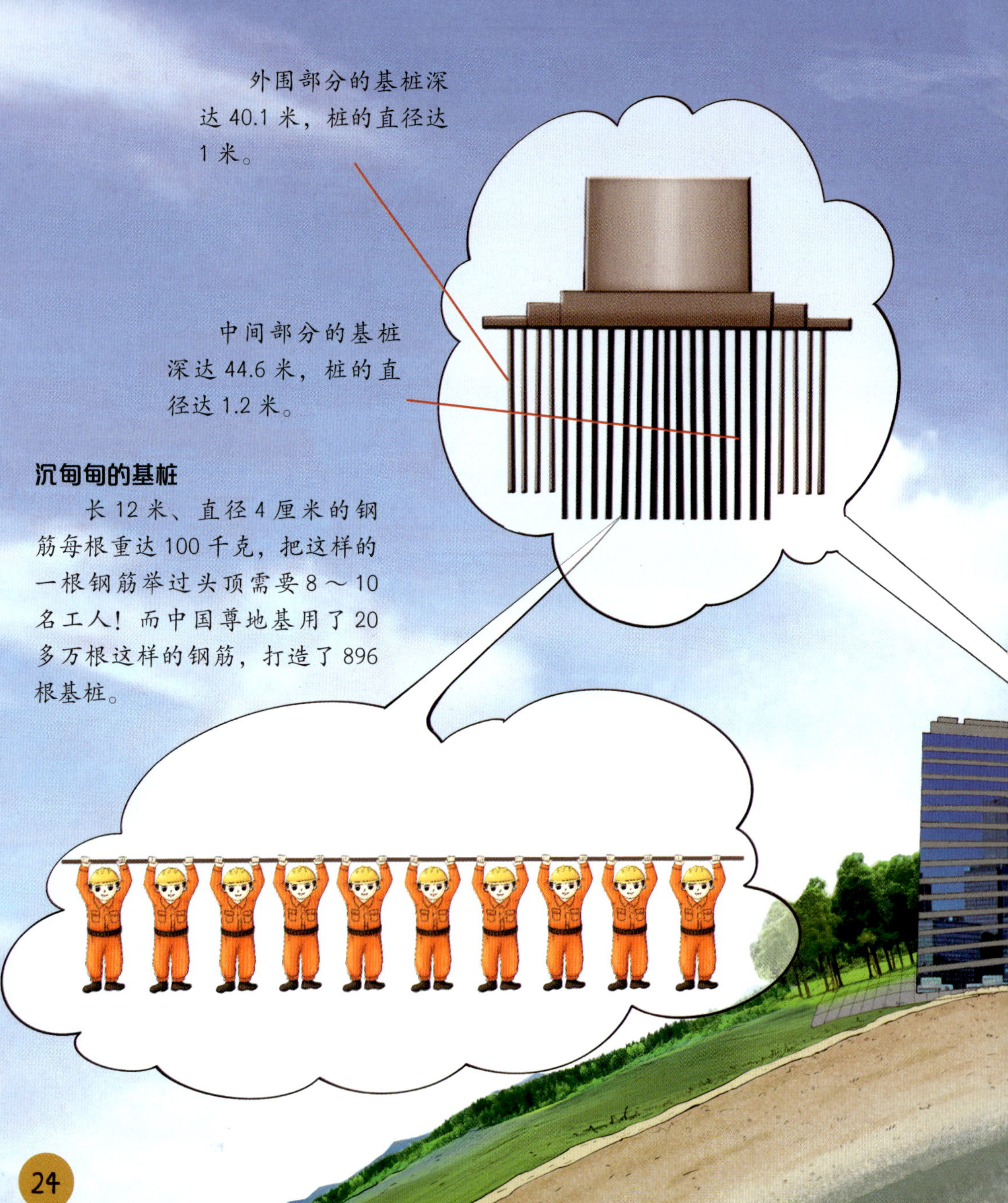

沉甸甸的基桩

长 12 米、直径 4 厘米的钢筋每根重达 100 千克，把这样的一根钢筋举过头顶需要 8 ～ 10 名工人！而中国尊地基用了 20 多万根这样的钢筋，打造了 896 根基桩。

你知道吗?
地壳是由什么构成的?
地壳由花岗岩、玄武岩以及风化堆积物土壤构成，是地球的外壳。不同地区的地壳厚度不尽相同，大陆的地壳比较厚，高山、高原地区的地壳更厚，平原、盆地的地壳相对较薄。大洋的地壳远比大陆的地壳薄，厚度仅有几千米。
土壤
土壤是地壳的岩石经过风化破碎成小块，再经由水和植物及微生物的作用而形成的，它属于地壳的一部分。
岩石层
松软的土壤下面就是坚硬的岩石层，也属于地壳的一部分。

大底板浇筑

浇筑大底板是建造地基的最后一步。大底板的钢筋绑扎完成后，2000多名工人，200多台混凝土罐车，历时93小时，终于一次性把大底板浇筑成功了。这块底板将承担528米高的大楼的全部重量。

工人绑扎钢筋

浇筑大底板之前工人们要一根根绑扎钢筋。这些钢筋是1000多名工人耗时56天绑扎完成的。大底板用掉的钢筋连接起来可绕北京五环25圈。

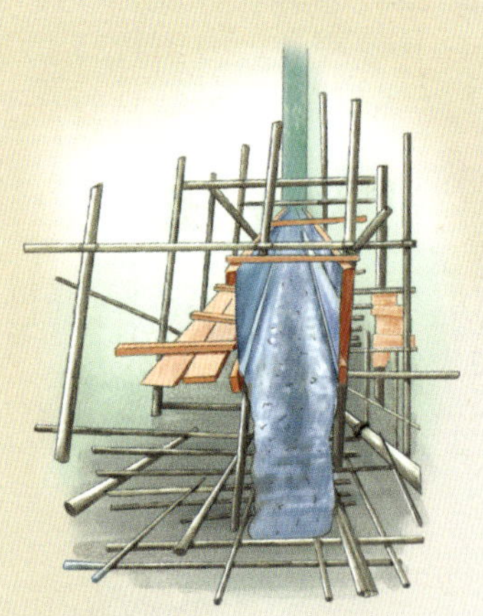

创新浇筑大底板

和别的高层浇筑大底板不同，中国尊的建设者们创造性地使用了“串管+溜槽”的方式连续浇筑基坑的混凝土，工作时间比传统的浇筑方式缩短了20%。

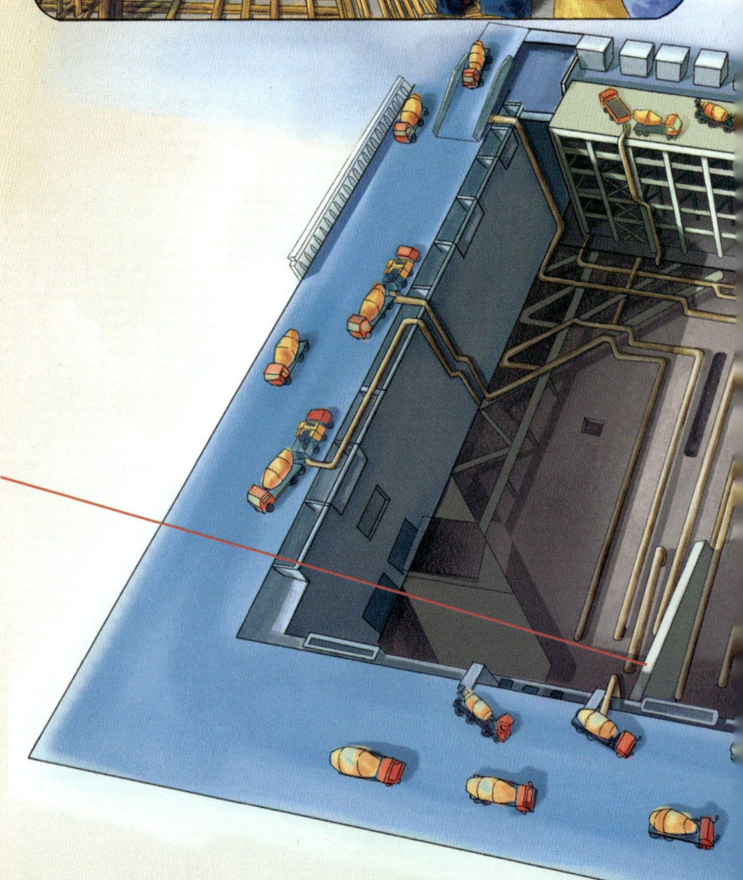

你知道吗？

按时抵达的混凝土

为避免交通拥堵导致混凝土不能及时送达，工程师给运输混凝土的车辆制定了运输路线，还在距离工地不足一千米处，设置了7个“压车区”，此外，交警叔叔们还会在重要的路口设置路障，维持秩序。

钢铁侠臂架泵车

混凝土泵车在整个施工过程中都发挥着重大作用，长达百米的机械手臂十分灵活，不仅可以伸长，还可以折叠，像一个钢铁侠，源源不断地把混凝土浇筑到大底板上。

混凝土搅拌运输车

把搅拌好的混凝土送到指定地点，为泵车把混凝土浇筑到底板做好准备。

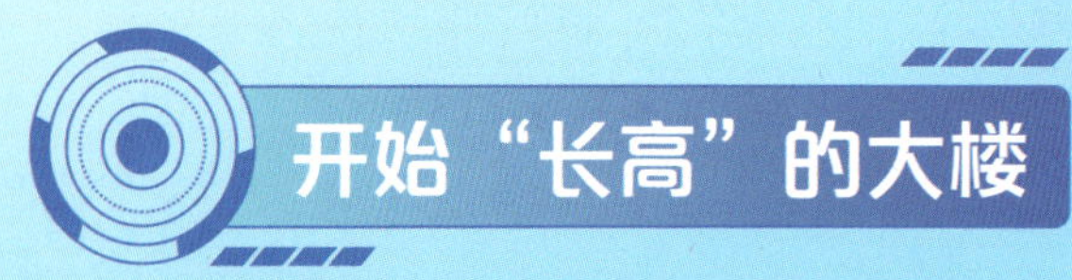

开始“长高”的大楼

地基建好了，就可以开始盖大楼了。

经过一年多的建设，中国尊渐渐露出了地表，并不断地长高。

2016 年 8 月，超越了中国国际贸易中心 330 米的高度，成为北京的新地标。

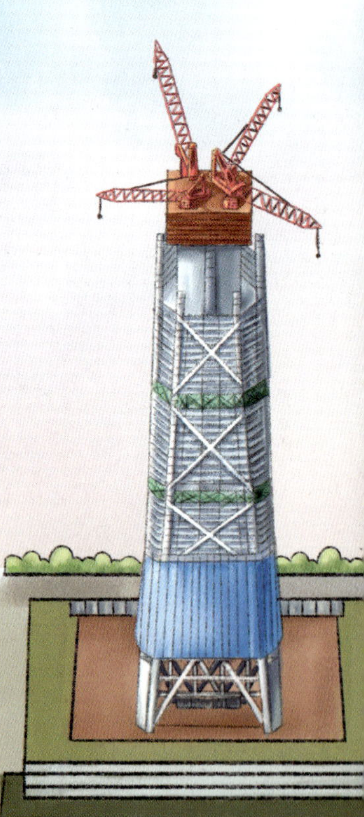

2016 年 3 月，高度超过 200 米。

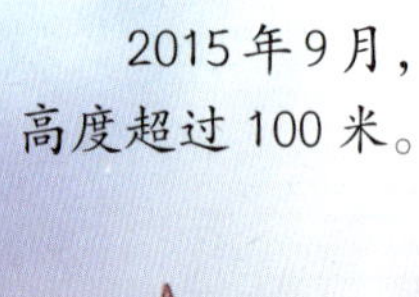

2015 年 9 月，高度超过 100 米。

从 2014 年 12 月 10 日到 2017 年 8 月 18 日，中国尊核心筒从 0 米“长”到了 528 米。

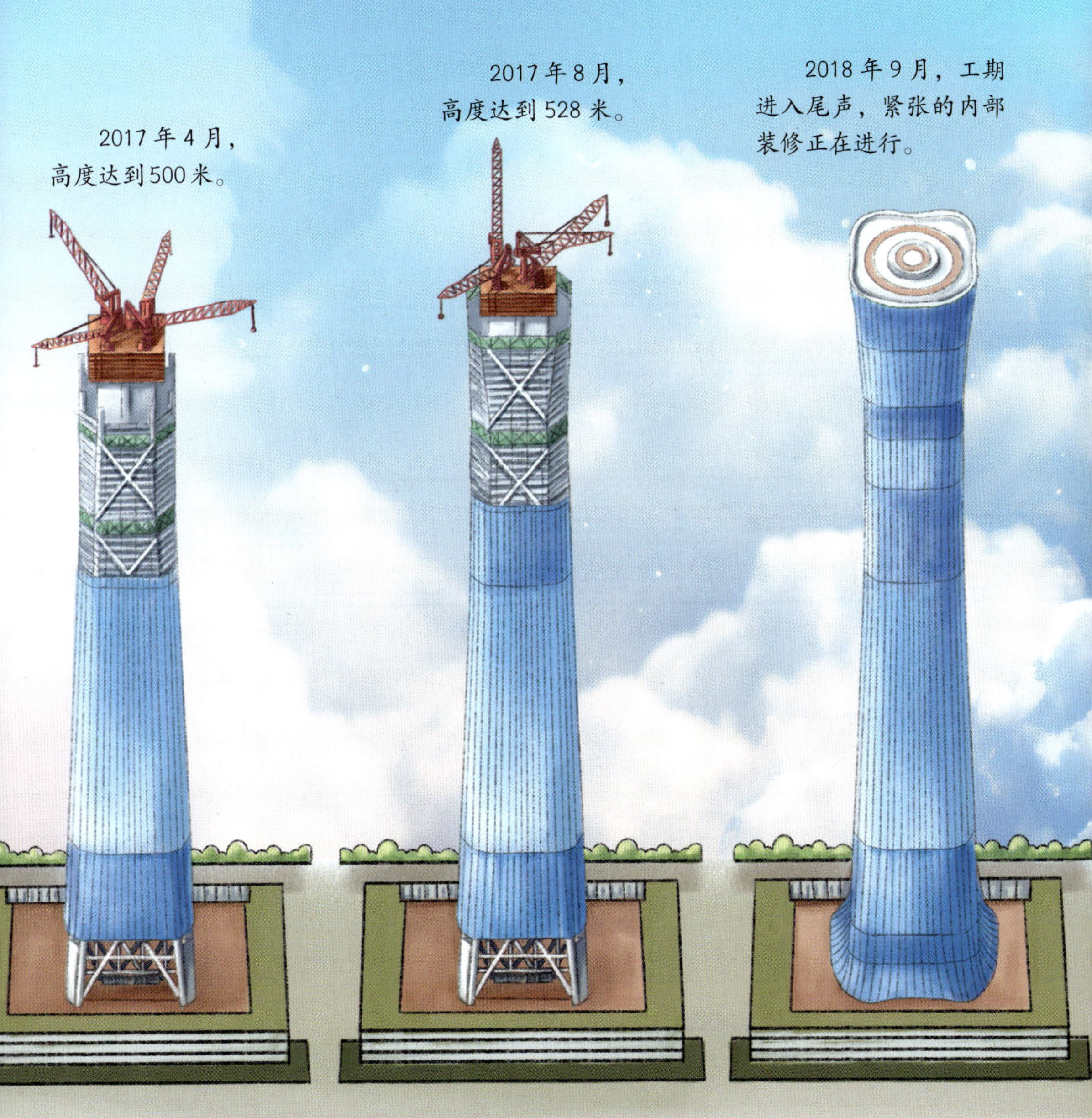

中国速度

随着城市化进程的推进，有很多像中国尊一样的高楼陆续在不同的城市拔地而起，这是“中国速度”的体现，而背后是科技创新的支撑。

一开始，建大楼的核心技术都掌握在外国人手里，能建什么样的大楼取决于我们能从外国人手里买到什么样的建造设备。

你知道吗？

摩天大楼林立

世界建筑学会把150米以上的建筑定义为摩天大楼。截至2024年8月，中国拥有3000多座摩天大楼，数量位居全球第一。在全球拥有最多摩天大楼的25个城市中，有12个中国的城市上榜，其中香港位列榜首。

　　而今，我国的几代建设者发挥自强不息、勇于创新的精神，开拓进取，不懈奋斗，拥有了先进设备的研发能力。

空中造楼机

摩天大楼可以高效建成，离不开空中造楼机的大力协助。空中造楼机是一个重达上千吨的庞然大物，内部可以容纳数百人一起工作，使得在百米高空中修建大楼和在地面上一样安全。

顶模

顶模就是钢平台——高层建筑常用的造楼设备，是空中造楼机的前身，一次安装完毕可沿用到工程结束。

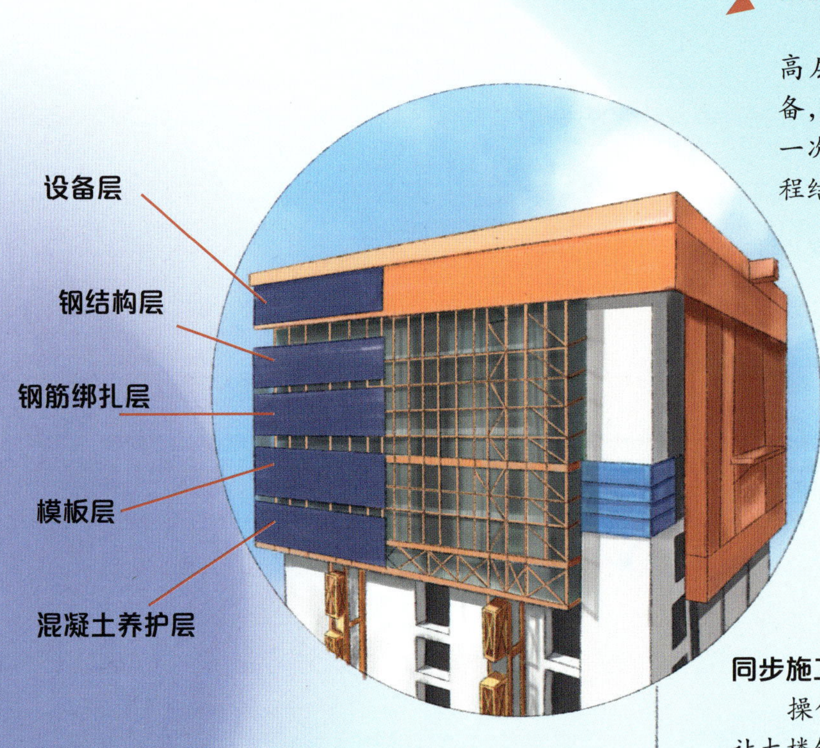

同步施工

操作空中造楼机，可以让大楼钢结构的吊装、焊接、钢筋绑扎和混凝土浇筑等步骤同步进行。

5 层楼一起盖

空中造楼机 4 ～ 5 天就可以建一层楼。工人们在造楼机里不同的建设层工作，形成流水线作业，极大地提高了工作效率。

“工厂”里盖大楼

空中造楼机采用全封闭式平台作业，工人们来到这里建大楼就像进入工厂上班一样，很安全。

钢平台顶部

这里作为施工的堆场，布置了混凝土布料机、消防水箱和操作机房。

袖珍控制室

控制室面积不超过6平方米，只能放下一台电脑、一台显示屏和一个操作台。

塔机

布料机

钢平台如何爬升

重达约 3600 吨的钢平台，在每盖好一层楼后就要爬升一次，这么重的庞然大物是如何爬升的呢？

谨慎的操作员

狭小的控制室里，操作员谨小慎微地操作钢平台进行爬升，操作要求十分精细，顶升的误差须控制在 3 毫米以内。

钢框架系统

它由桁架和钢立柱组成，是整个钢平台结构的骨架。

附属设施系统

由模板、挂架、平面防护、安全通道和消防设施组成。

上下支撑架

支撑架挂在大楼的墙体上，把钢平台的载荷（重量）传递给墙体。

钢平台爬升，两个支撑架起到了重要的作用。它们就像人的手脚，不断向上攀爬。

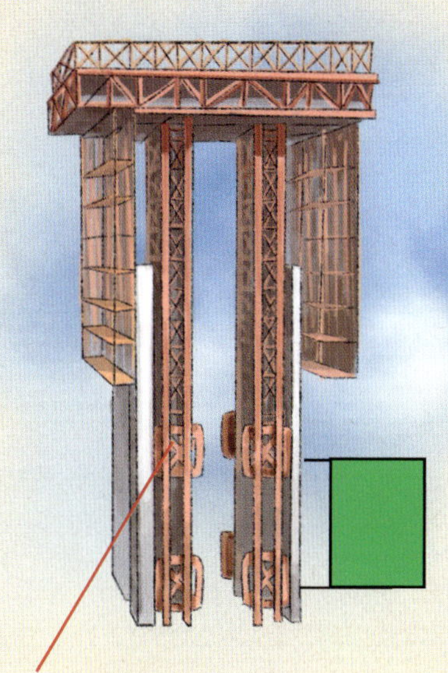

上支撑架爬升

钢平台爬升时，上支撑架先悬空，当下支撑架固定在核心筒的墙体上时，上支撑架和上面钢平台主体整体向上爬升。

下支撑架爬升

上支撑架固定在墙体上，下支撑架收缩爬升。也就是这层支撑架爬升任务完成，起到固定承重的作用，以便另一层支撑架爬升。

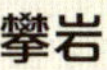

攀岩

说起攀岩，身姿矫健、手脚并用的攀登者们，在悬崖峭壁上攀爬的画面就会浮现在眼前，钢平台爬升的灵感就来源于此。

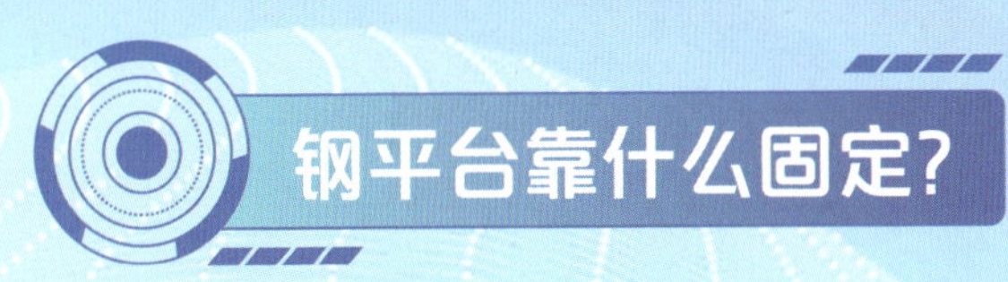

钢平台靠什么固定?

大楼越建越高，面对大风、雨雪等环境，并且自身有上千吨的重量，钢平台却像个紧箍一样固定在大楼核心筒上，不会脱落，这是如何做到的呢？秘密就在于核心筒上面微小的凸点，它们虽然只有 3 厘米厚，却能支撑起整个钢平台。

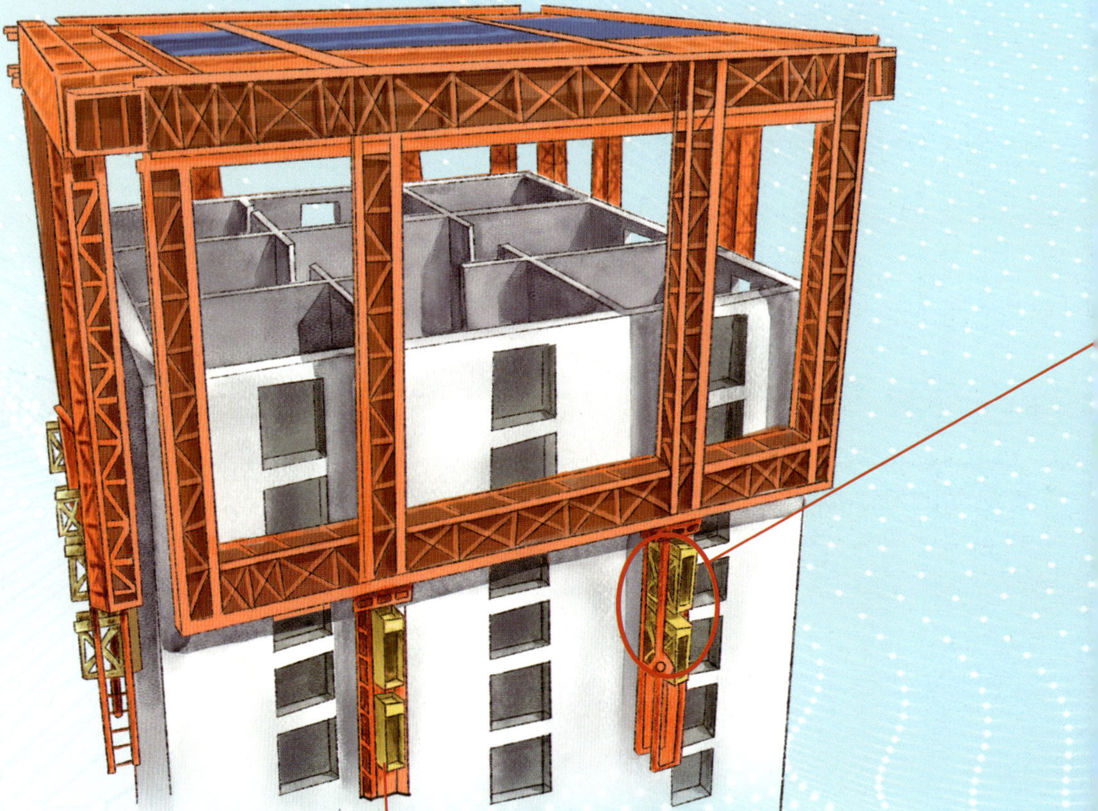

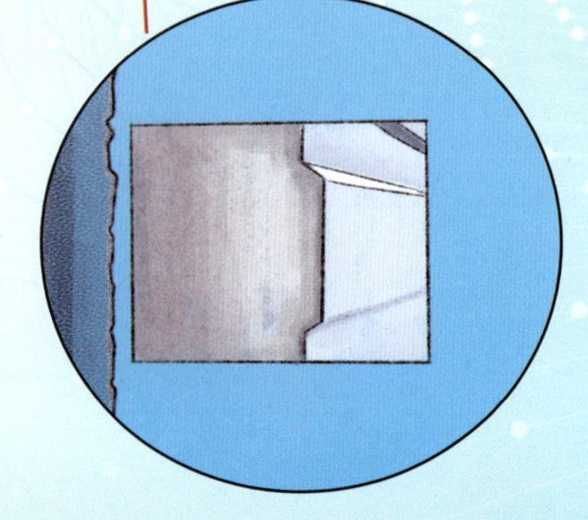

墙体微凸

核心筒墙体微凸出来 3 厘米厚度。

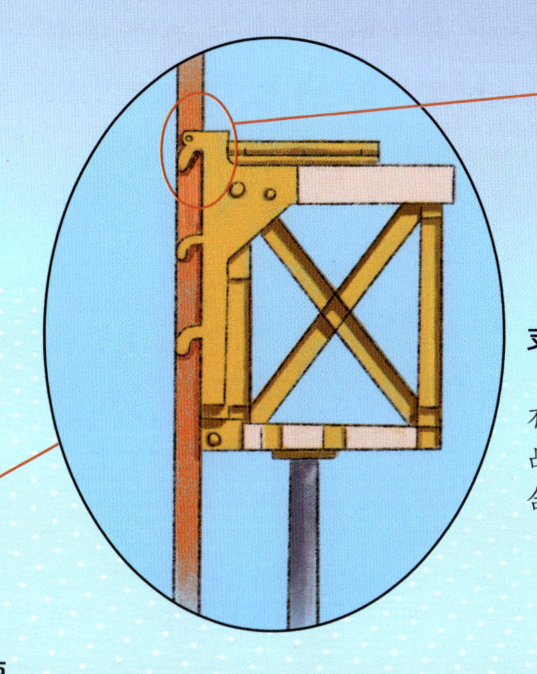

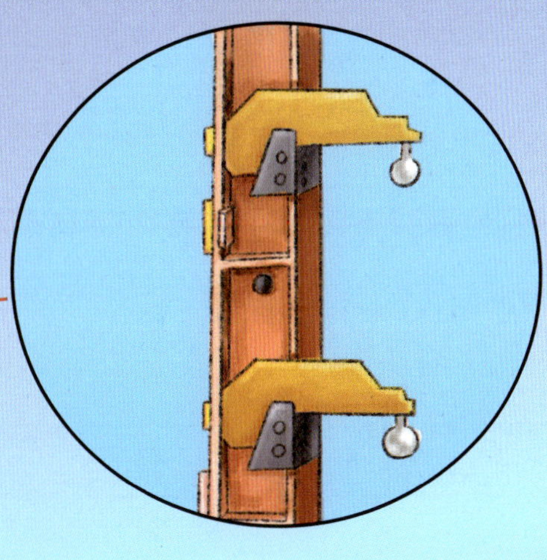

支撑架

钢平台支撑架上有“挂抓”，能和微凸支点上的承力件咬合在一起。

支撑架自咬合快捷爬升

微凸支点

3 厘米厚的混凝土微凸支点的承载力超 400 吨，单层微凸支点承载力达数千吨，钢平台固定在上面就不怕掉下来啦！

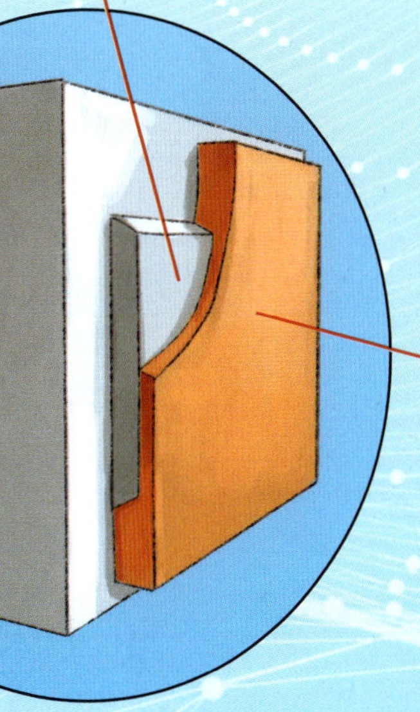

承力件

微凸支点上的承力件，竖向安置在混凝土墙体上。

塔机、顶模一起“飞”

伴随着大楼的长高，除了钢平台需要随结构而爬升，塔机也要跟着爬升。一般的大楼塔机和钢平台各自爬升，这样费时费力，还互相影响，从而延长了施工时间。建造中国尊的工程师们又创造性地解锁了大型设备爬升新技能，将两台 M900D 大型动臂式塔机与钢平台结合，实现塔机、平台一起爬升。

塔机

这些庞然大物的爬升设施投入大、花费时间长，还存在安全、环保、质量等方面的问题。

塔机与钢平台安装在一起称作“塔机与平台集成”，该技术消除了塔机自爬升的复杂工序，化解了安全风险，是中国尊建造中的关键技术。

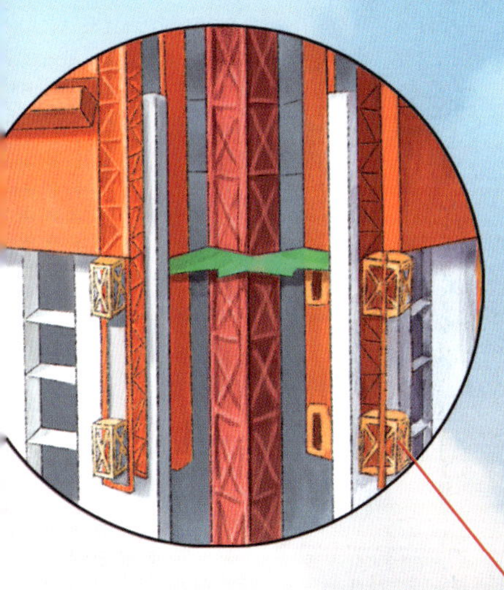

塔机与钢平台安装在一起，当钢平台的支撑架向上爬升的时候，可以带动塔机一起爬升。

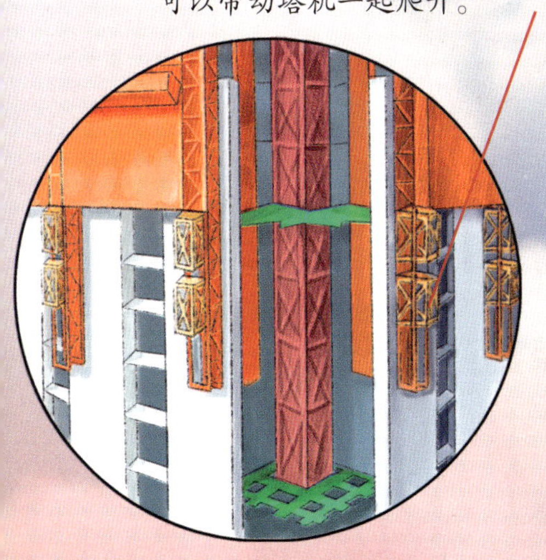

钢平台和塔机一起爬升

当塔机、钢平台“一体化”后，可以一起向上爬升，整个建设工期减少塔机爬升28次，节省工期约56天，大大地提升了效率。

抗震性能超强的大楼

大楼越高，发生地震时倒塌的风险就越大。工程师们在设计之初就针对抗震的问题做足了准备。

大楼的底座又大又牢固，外框筒与核心筒结合的双层结构具有超强的抗震能力，可以做到“小震不坏，中震可修，大震不倒”。

环环相扣的外框筒

外框筒由巨型柱和捆绑它的转换桁架及巨型斜撑组成，各结构之间的角度十分考究，以抵抗强大的地震冲击波。

强韧坚固的核心筒

核心筒是钢筋混凝土结构，里面还含有钢板剪力墙，可有效增加核心筒的牢固性。

刚柔并济的巨型柱

巨型柱是全球最大的钢管混凝土柱，在钢管中灌入混凝土，兼顾了强度和韧性。

转换桁架

用来捆绑巨型柱，沿着塔楼呈竖向分布。

防止变形的巨型斜撑

建筑结构在受到外力时，极易发生变形，巨型斜撑可以协调建筑结构的整体平衡，使建筑更加稳固。

你知道吗？

建筑物的抗震标准

建筑物的设计建造要符合国家规定的抗震标准，如果不达标是不会通过验收的。不同的地区抗震标准也不同，国家制定的“抗震设防烈度图”把抗震设防标准设置为6～9度。我国大部分地区的房屋抗震设防烈度为7度，北京等少部分地区为8度。而抗震设防烈度每调高1度，建筑物的造价成本会增加约10%。

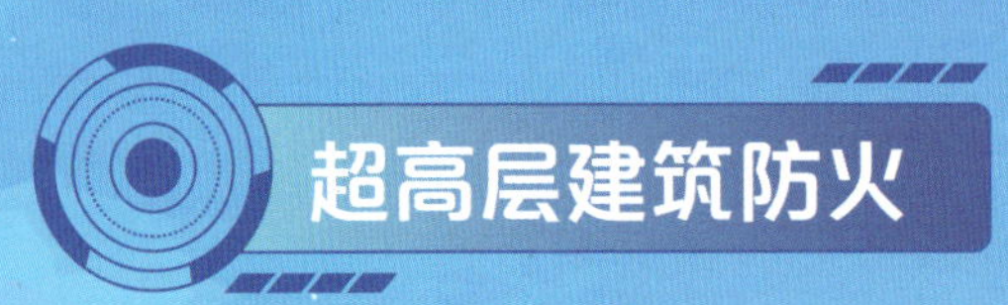

超高层建筑防火

高层建筑除了要抗震，也要做足防火的准备，因为高层建筑灭火一直是公认的世界性难题，尤其 400 米以上的超高层，消防车救援设备高度达不到，主要依靠建筑物本身的消防系统救助。

大多数建筑施工用的消防装置是简易的临时装置，大楼建好时就要拆除这些装置，建设永久的消防系统，在此期间，大楼处于“消防真空期”，十分危险，尤其是超高层，容易出现起火不能自救的情况。

建造中国尊的工程师们创造性地发明了一种“永临结合”的消防系统，很好地解决了高层建筑的防火问题，大楼修建到什么高度，水源就跟着到了什么高度，一旦发生火灾，就可以迅速扑灭。

这种消防系统的独特之处体现在大楼建好的时候不用拆除，只要换一下泵机就能变成永久的消防系统，节约了大量工期和成本。

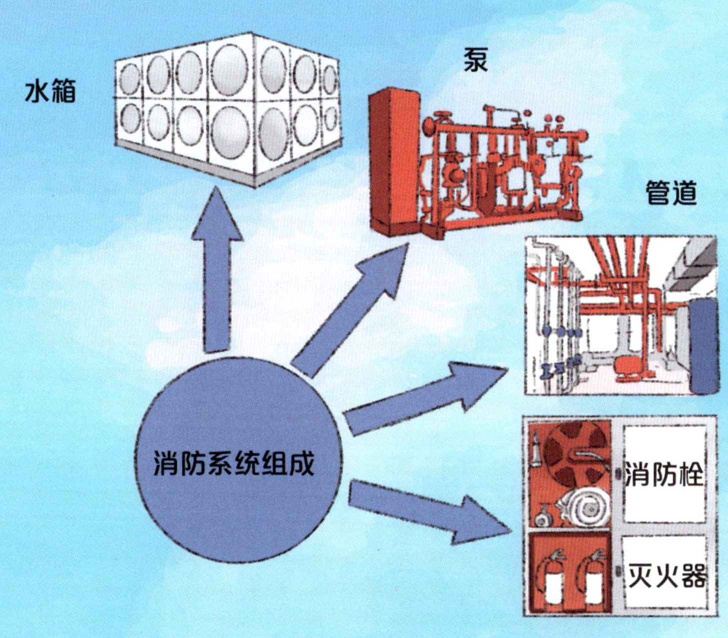

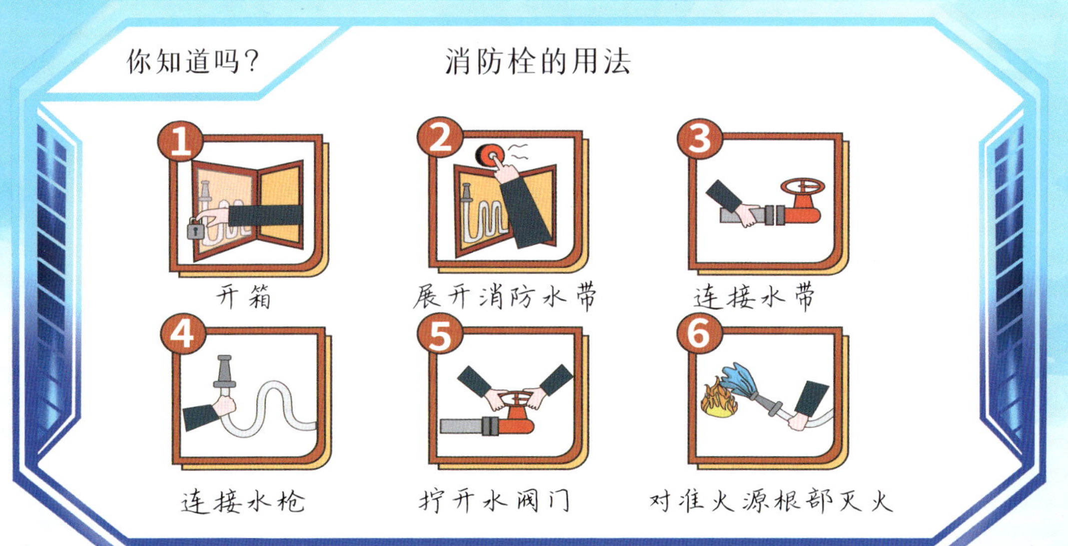

中国尊就像一个钢铁大侠。无论是地基还是上层建筑，钢都是建筑材料的主角。它是国内超高强度钢材用量最大的建筑。其用钢量达到了惊人的 14 万吨。

巨型钢柱剖面 ▲

巨型柱是一块一块钢制的筒拼接上去的，里面浇筑了混凝土。

“钢”强的腰身

中国尊中间细，上下端粗，呈现出优美的腰身，但是这种外形不利于抗震，为了保持这样的“好身材”又不降低其牢固性，中国尊多用了 2 万吨的钢材。

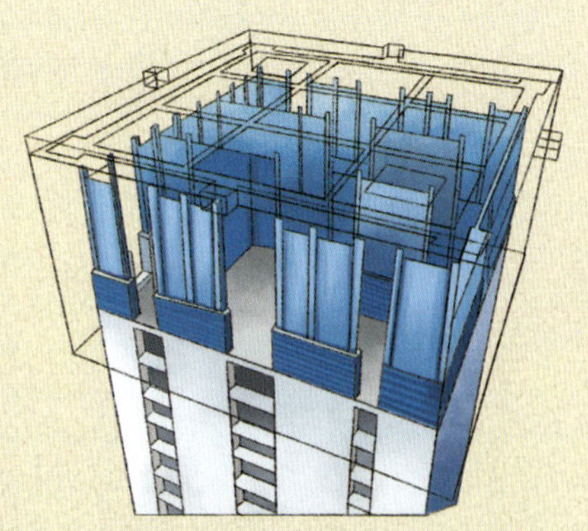

核心筒结构 ▲

中国尊的核心筒看上去是一个混凝土墙体，实际上里面置入了大量的钢板。

坚固的地基 ▶

万丈高楼平地起，为了打造一个稳固的地基，用钢量达 1.3 万吨。

钢材种类繁多，用途广泛，小到针头、剪刀等日用品，大到工业装备的制造都离不开钢材。铁经过千锤百炼才能成为钢，可见钢有多么坚硬。

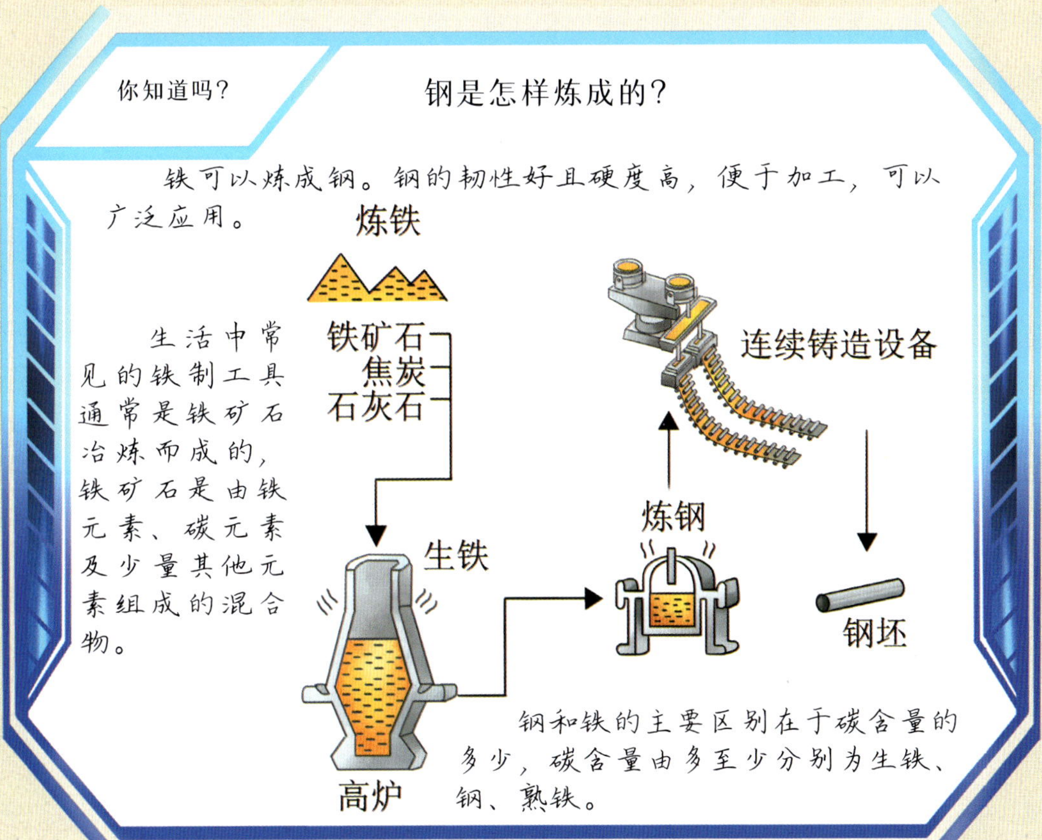

规避风险的 BIM 系统三维扫描

建筑设计师要画很多图纸，这些外行人看起来复杂得如同迷宫一样的图纸对他们来说一目了然。但绘制如此精密的图纸，并从中分析数据，十分耗费精力。BIM 系统的出现改变了这种局面，它解放了设计师的双手，极大地提高了效率。

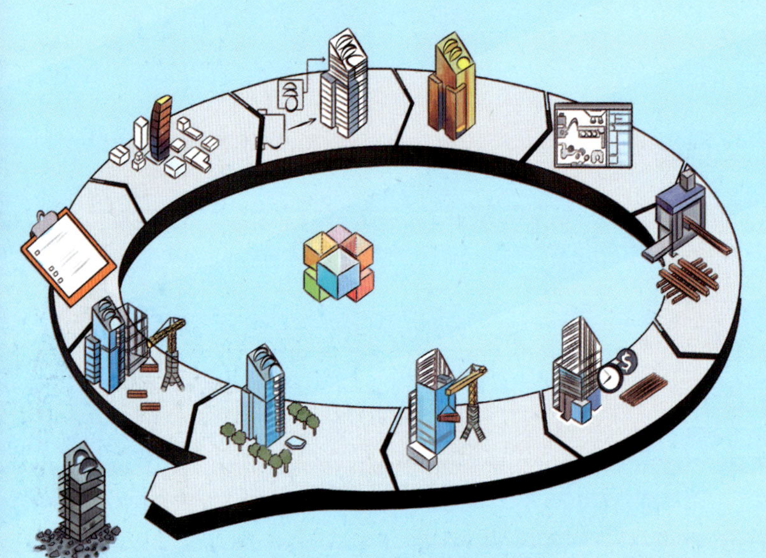

高效的 BIM 系统

BIM 系统让原本是二维图形的设计图纸，变成了三维立体模型，设计师和施工的工程师可以在同一个平台参与大楼的建设，几乎所有的问题都可以在模型中解决。

中国尊还使用了三维激光扫描技术，是中国第一个全面应用三维扫描技术的超高层建筑。108 层全部用三维激光扫描技术扫描了一遍，攻克了许多技术难题。

BIM 系统与工程同步

主体结构一层完工后，BIM 系统并没有“完工”。高精度的三维激光扫描仪上阵，把这一层全方位、无死角地精准扫描了一遍，扫描精确度达 2 毫米。

为了确保数据准确，每一层有 25 站，每一站都进行三维扫描后，利用软件把数据生成点云投影文件。

完成以上操作后，可以确保 BIM 模型与工程同步，后续还可以对工程、室内装修设计起到指导作用。

你知道吗？

“优雅”的旋转楼梯安装

旋转楼梯非常好看，它以精妙的结构给人以美感，但是安装难度非常大。中国尊里也设计了一处旋转楼梯，但是装修人员现场施工时，复杂的施工工艺、异形的材料，导致安装总是有误差，难以接合。好在有三维激光扫描技术，扫描后能在电脑上精准地定位与校核，消除安装误差，最后工程师们高品质地安装上了这个“优雅”的旋转楼梯。

智慧建造

在建设楼房的工程中有一项重要的工作，就是放样，也就是放线。建房子需要看图纸，放样就是把图纸上的建筑物高度等数据标记在实际建筑物中，以便工人们精确地建造楼房。

人工放样

以前放样的工作由人工完成，用的是传统的放线定位法。

放样机器人中显示的三维立体“图纸”

放样机器人

中国尊建造采用了放样机器人，效率是人工放样的两倍，不仅节省时间和人力，定位还更准确。

中国尊的智慧建造还体现在装潢设计上。当大楼的钢筋混凝土搭建完成后，还要确定室内装修风格。过去人们通过照片、图纸来呈现，现在中国尊采用了 VR 技术，可以让人们身临其境地感受装修好的室内效果。中国尊的首层大堂和空中大堂就是采用这种方式装修的。

先进的 VR 技术

人们戴上 VR 眼镜，就能看到装修效果，可以环顾四周仔细观察，如同身临其境一般。

省电的大楼

超高层建筑的耗电量比普通建筑大得多，各种电器都离不开电的供应，空调是白天用电量高的主要原因，尤其在夏季，城市用电量负荷巨大。

但中国尊比普通的高层建筑节省电费，因为它用到了冰蓄冷技术，在夜间低电价时段，将水结成冰，储存冷量，然后在白天电价较高的时段利用储存的冷量供冷。（北京实行阶梯电价，夜晚的电价要比白天的电价便宜。）此外，中国尊顶部安装了很多太阳能电池板，可以为大楼源源不断地提供清洁能源。

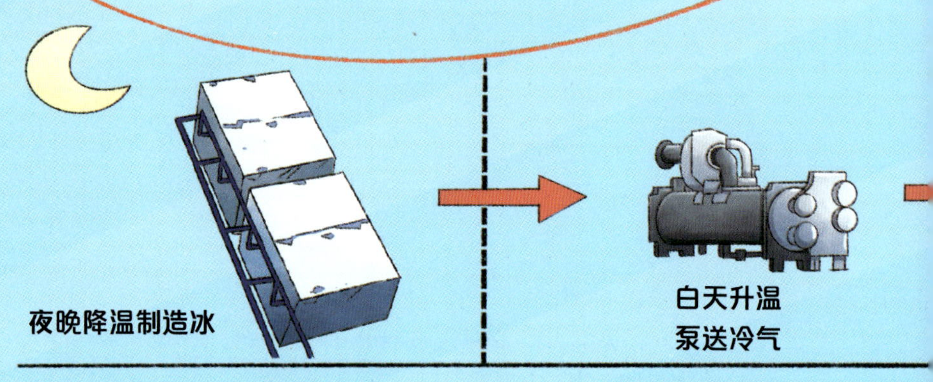

我们每天都要用到电，它看不见也摸不着，你知道电是怎么来的吗？

太阳能发电

太阳能发电是指将太阳能转化为电能的过程。太阳能是一种清洁的可再生能源。

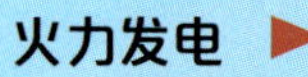

火力发电

利用化石燃料的燃烧放热发电，如煤炭就是常见的一种化石燃料。这种方式会对环境造成严重污染。

水力发电

利用水的流动来带动发电机发电。水力发电是一种非常环保的发电方式。

“移峰填谷”的冰蓄冷技术

中国尊在夜间通过一套蓄冰机组，用电把水池制成冰池，白天用电量高峰时，可将冰吸热融化带来的冷气传给大楼实现降温，每年可以节省电费约 400 万元。

白天用电高峰

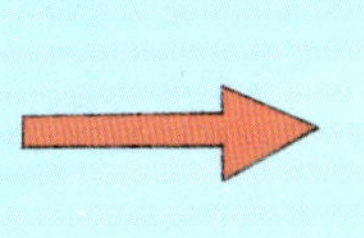

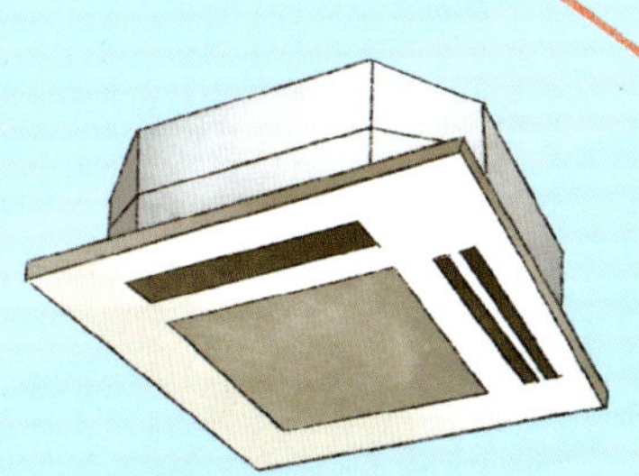

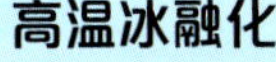

高温冰融化

冷气输送到楼内的不同角落

风力发电 ▲

风力发电机在风的吹动下就能发电，它们一般安装在空旷地带。风能是一种清洁能源。

四通八达的电力网把电输送到千家万户。

非同一般的施工电梯

电梯是超高层建筑里最主要的交通工具，尤其施工过程中，电梯在运输建筑材料、设备、人员等方面发挥着重要的作用。

以往的施工电梯容纳量小，速度慢，严重制约了施工速度。而中国尊的施工电梯不仅使主体验收时间提前了 120 多天，在大楼建成时还可以作为永久电梯使用，这是一般建筑无法做到的。

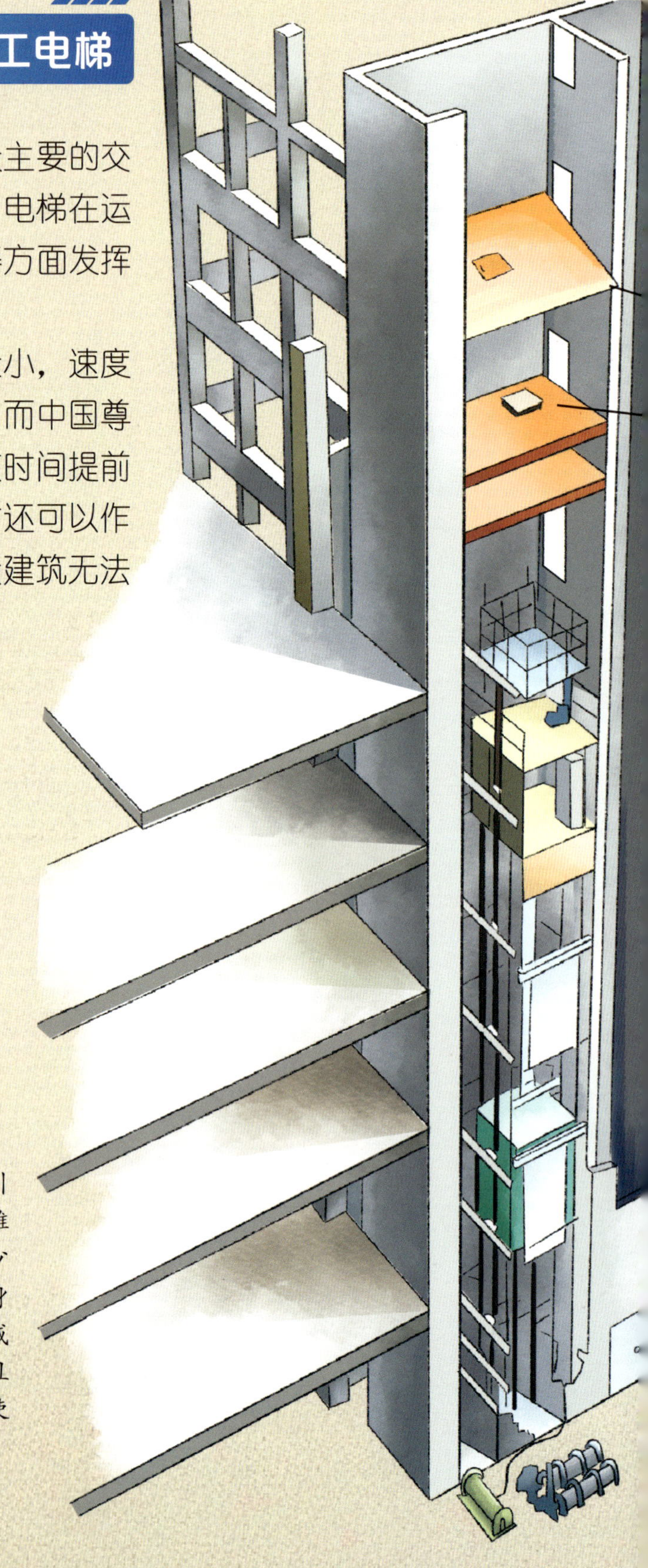

身手敏捷的电梯

中国尊电梯承载重物运行时，速度能达到 4～6 米 / 秒，是普通施工电梯的 4～6 倍（普通的施工电梯速度只有 1～1.6 米 / 秒）。

大容量双层电梯

中国尊采用双层轿厢电梯，双倍容量，能容纳更多的人或货物，从而节省了时间。

碳纤维牵引绳

中国尊的电梯采用碳纤维牵引绳，与传统的钢丝绳相比，碳纤维极其轻便，可减少高达 80% 的自身重量，大大减少能耗，并且更耐摩擦，使用寿命更长。

一般来说，建筑中的施工电梯需要拆除，再安装正常的电梯。中国尊的 4 部跃升电梯既可以作为施工电梯用，验收后还可以作为客梯使用。

挡板

电梯上方事前设置两层挡板，防止上面施工时东西坠落，损坏下面的电梯设备。

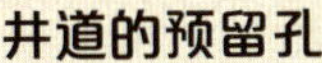

井道的预留孔

建造过程中，会在井道中设置预留孔，电梯上方的承重梁就插在这个孔中。

会“跳跃”的电梯

有了承重梁，中国尊跃升电梯的临时机房能随结构“长高”而爬升，每盖 3～5 层，跃升电梯就会“跃升式”爬升一次。

大楼建成了

中国尊终于建成了。两侧略呈双曲线式的建筑造型，呈顶天立地之势，又别具几何之美。大楼建设的时候运用了多项高科技，建成之时鹤立于繁华的 CBD 群楼之间。

中国尊分区

中国尊有底部大堂区、中间办公区和顶部观光区。

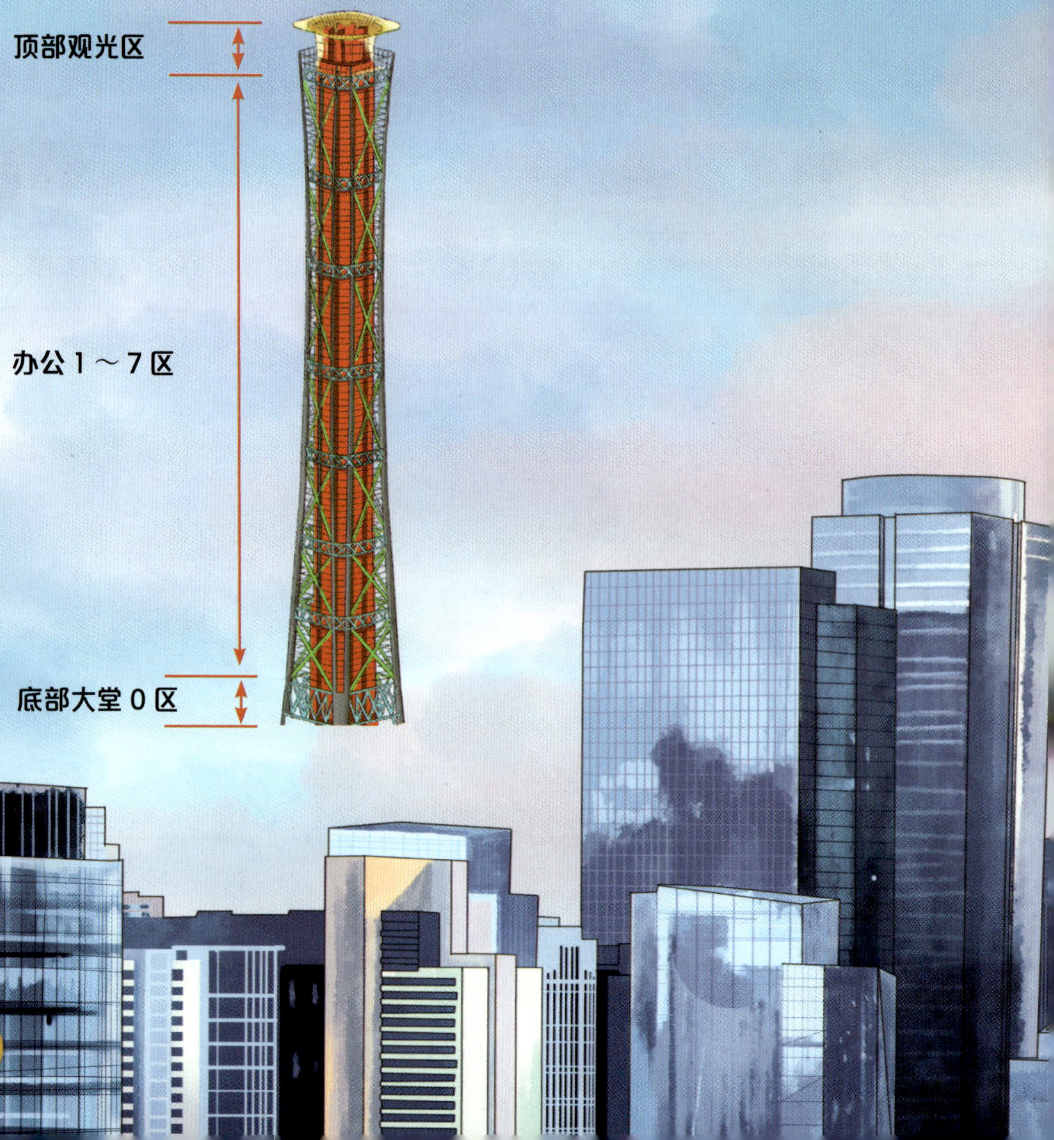

顶部观光区

办公 1 ～ 7 区

底部大堂 0 区

打破纪录的中国尊

中国尊在建成时，打破了当时很多纪录：

1. 按抵御 8 度地震烈度设防的世界最高建筑——528 米。
2. 双轿厢电梯提升高度全球最高——508 米。
3. 施工所用跃层电梯提升高度全球最高——514 米。
4. 施工采用的顶升钢平台是世界上智能化程度最高的。
5. 全球地下室最深、层数最多的超高层建筑。
6. 全球底座面积最大（6084 平方米）的超高层建筑。

智能楼宇

智能手机给我们的生活带来了很多便利，但你听说过智能楼宇吗？在施工阶段，中国尊用到了很多项新科技，提升了建设速度，是“中国速度”的完美体现。完工的中国尊在管理方面同样运用了很多前沿科技。

灯光监控

大楼的灯光可根据不同的需求进行场景配置。节假日和一些特定的时间段，还可以定时自动开关灯，避免浪费人力。

设备及时报警

超高层建筑要用很大的水压才能把水送到顶层。如果漏水，会造成电路短路，设备损坏。智能设备可以及时报警，及时关闭水阀，把影响降到最小。

人工智能设备

中国尊采用了一系列的人工智能设备，比如只要你进入大厦，摄像头就能自动识别你的身份，自动呼叫电梯，自动为你开启办公室的门禁、灯光、空调等。

我 ♥ 北京

多级空气净化

空气净化系统可严格控制室内的PM2.5含量，即使遇到雾霾天气，在大楼里也能呼吸到新鲜的空气。

闻名世界的摩天大楼

近年来随着城市化进程的加快，我国成了建设摩天大楼的主场，一座又一座摩天大楼在很多城市拔地而起，成为十分显眼的地标建筑。

世界第一高楼

高 828 米的哈利法塔又名迪拜塔，从空中看，楼面呈“Y”形，设计灵感来自沙漠之花——蜘蛛兰（如右图）。

828米

800米

632米 中国第一高楼

632 米的上海中心大厦是中国第一高楼。

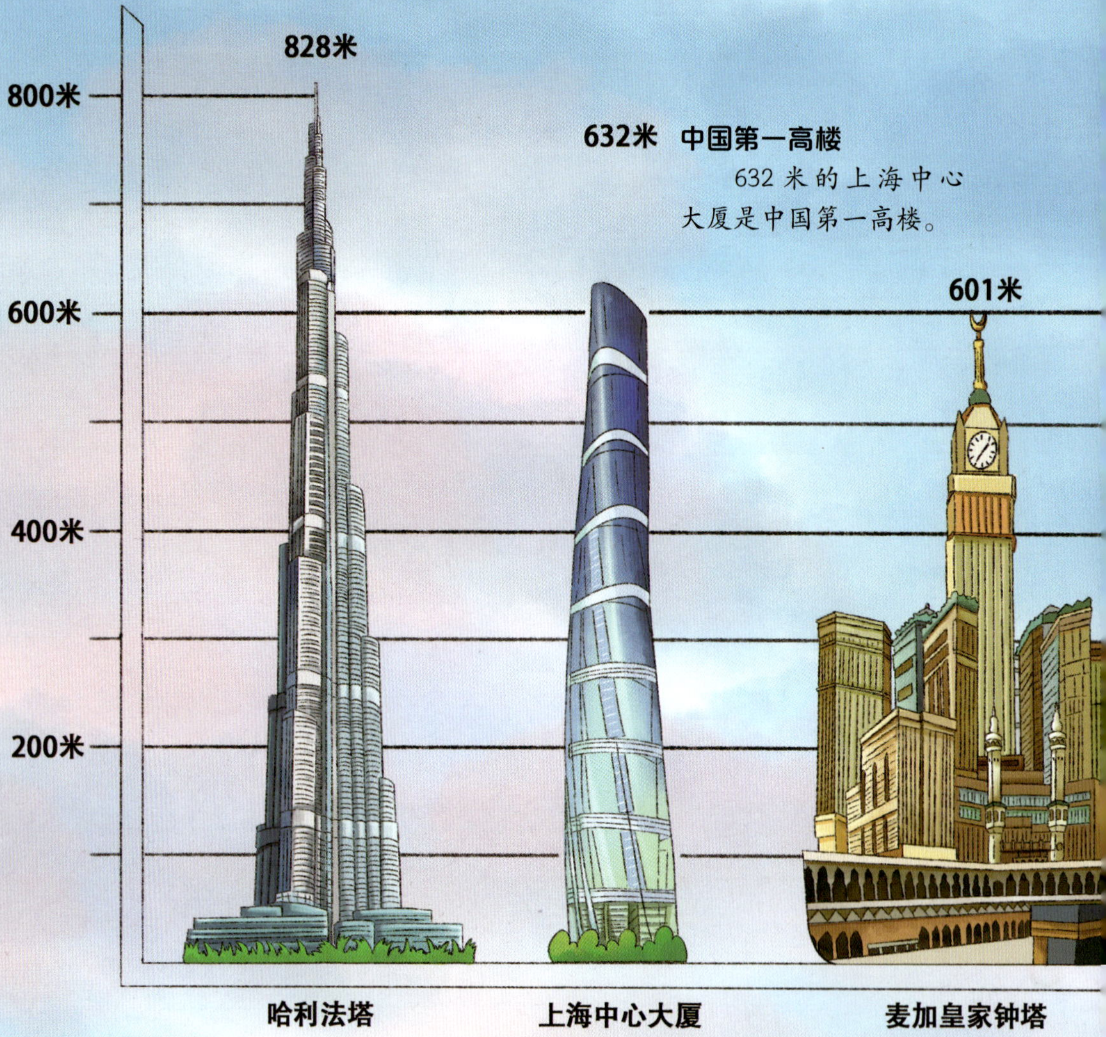

601米

600米

400米

200米

哈利法塔　上海中心大厦　麦加皇家钟塔

在闻名世界的摩天大楼中，上海中心大厦、深圳平安国际金融中心、中国尊以及台北 101 大楼都榜上有名。下面我们一起认识一下这些屹立在各个城市的地标性建筑吧！

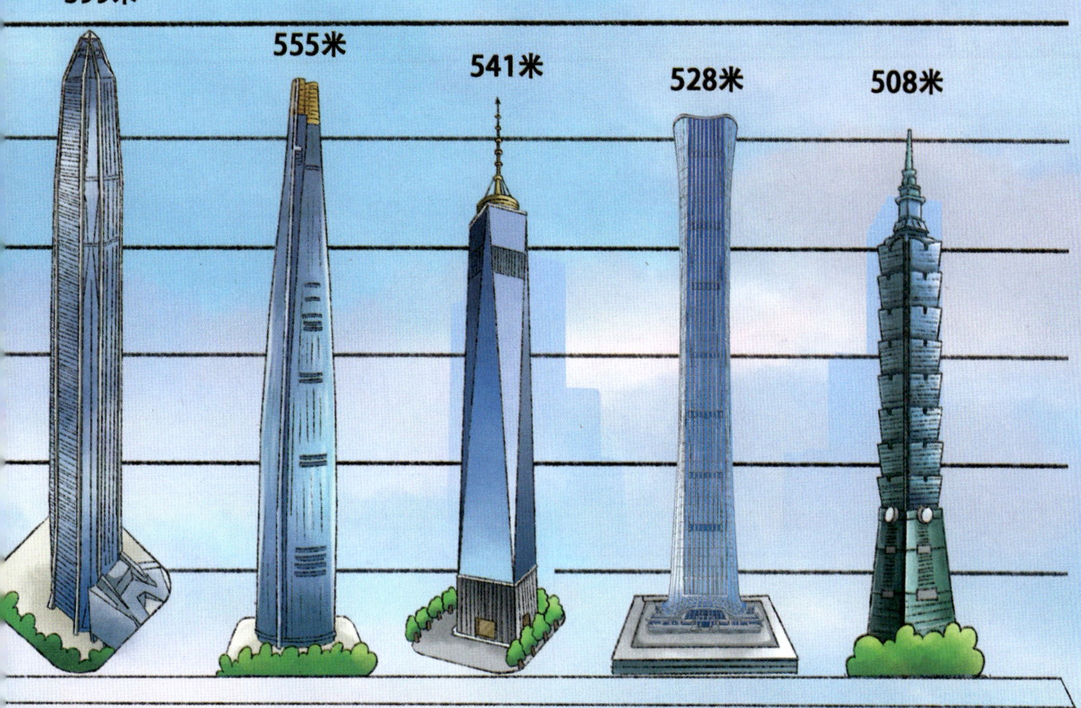

后记

“中国超级工程丛书”绘本版8本终得付梓，手抚书稿，却觉编纂之路仍任重道远。我们立志重磅打造含48本的丛书，从桥梁、港口、航空航天、高铁、能源、道路、车辆等各个领域展现我国超级工程与大国重器，展现一幅波澜壮阔的工程画卷。

俯瞰神州大地，纵贯山河的“超级工程”星罗棋布，中国名片成色十足。且看中国桥梁，港珠澳大桥宛如海中卧龙，五峰山大桥变天堑为通途，北盘江大桥、矮寨超级悬索桥横跨深谷幽壑，它们各展雄姿；中国港口，上海洋山港填海而建，青岛港自动化领先，广州港千年兴盛，宁波港后来居上，这些港口犹如经济的晴雨表；航空航天方面，长征系列运载火箭、神舟系列飞船使中国载人航天一飞冲天，“嫦娥”探月弥补千年遗憾，天问一号奔赴火星深空探测，从天宫一号到长期有人驻守的空间站，中国航天恰似大鹏扶摇直上；中国高铁从百年前的京张铁路发展到如今的智能京张高速铁路，从饱受质疑到引领世界，冲破技术封锁，风驰电掣；而中国盾构，从最初的中铁一号发展至今，海宏号穿梭于大海之下、蒙华号奋进于黄土之中、春风号穿行于繁华城市之下，成为人们引以为傲的国之重器……

在编纂过程中，我们时而为精妙的工程设计拍案叫绝，时而被无数工程师和科学家的默默付出深深感动。这些情感融入字里行间，赋予每本书温暖的底色。编纂这套丛书，从初稿成型，到逐步修改雕琢，编著者和专家们字斟句酌，幕后团队携手“保驾护航”，每一次修改，皆倾注众人的心血与期待，终盼来付梓曙光。如今，“中国超级工程丛书”绘本版持续出版中，路在脚下，任重而道远，愿这套书成为孩子们心中永不磨灭的星光。